本书属于：

献给我那拥有无限耐心的父母。

——阿瓦隆·努沃

图书在版编目（CIP）数据

古代奇迹：从空中花园到秦始皇陵的建筑智慧 /
（英）艾瑞斯·沃兰特著；（英）阿瓦隆·努沃绘；姜南
菲译 . -- 北京：中国友谊出版公司 , 2022.10
　　ISBN 978-7-5057-5504-8

　　Ⅰ . ①古… Ⅱ . ①艾… ②阿… ③姜… Ⅲ . ①建筑艺
术—介绍—世界—儿童读物 Ⅳ . ① TU-861

中国版本图书馆 CIP 数据核字 (2022) 第 112546 号

著作权合同登记号　图字：01-2022-2083

Ancient Wonders © Flying Eye Books 2019.
Text and script © Iris Volant 2019.
Illustrations © Avalon Nuovo 2019.
First edition published in 2019 by Flying Eye Books,
an imprint of Nobrow Ltd. 27 Westgate Street, London E8 3RL.
All rights reserved.

本书中文简体版权归属于银杏树下（北京）图书有限责任公司。

书名	古代奇迹：从空中花园到秦始皇陵的建筑智慧
作者	［英］艾瑞斯·沃兰特
绘者	［英］阿瓦隆·努沃
译者	姜南菲
出版	中国友谊出版公司
发行	中国友谊出版公司
经销	新华书店
印刷	天津图文方嘉印刷有限公司
规格	710×1000 毫米　8 开
	8 印张　40 千字
版次	2022 年 10 月第 1 版
印次	2022 年 10 月第 1 次印刷
书号	ISBN 978-7-5057-5504-8
定价	88.00 元
地址	北京市朝阳区西坝河南里 17 号楼
邮编	100028
电话	（010）64678009

古代奇迹

从空中花园到秦始皇陵的建筑智慧

[英] **艾瑞斯·沃兰特** 著　　[英] **阿瓦隆·努沃** 绘　　**姜南菲** 译

中国友谊出版公司

目　录

前 言

没有人知道是谁认定了古代七大奇迹,只知道几个世纪以来,无数的历史学家、诗人和哲学家对它们进行了激动人心的描述,留给世人无限的遐想。

为人熟知的古代七大奇迹有吉萨大金字塔、巴比伦空中花园、以弗所阿耳忒弥斯神庙、奥林匹亚宙斯神像、摩索拉斯陵墓、罗得岛太阳神巨像和亚历山大灯塔。它们激发了一代代学者和梦想家的想象力,展示了古老文明的伟大力量和智慧……但它们仅仅是古老文明众多杰作的一小部分!

让我们踏上穿越时空的旅程，去探索一个又一个令人惊叹的奇迹，去探索建造它们的巧妙技术，去发现那些为了将它们变为现实而不懈努力的人们吧。

他们都是古代奇迹。

古代七大奇迹之一

吉萨大金字塔

约建于公元前 2585 年

在埃及吉萨以西，一座巨大的石塔高耸于地平线之上，这就是大金字塔（又叫胡夫金字塔）。这座巨大的纪念塔建于 4600 多年前，是古代世界七大奇迹中最古老，也是唯一现存的建筑。

大金字塔是胡夫法老的陵墓。人们认为法老是神的使者或化身，他的灵魂能顺利去往来世非常重要。建造金字塔是为了保护法老的躯体，展示他统治时期的辉煌，同时也在其内部建造了通道指引他走向来世。

大金字塔，高近 146.5 米，每边长约 232 米。建造这座金字塔耗费了大量的人力，据说历时 30 年才完工。而且在竣工后的 3000 多年里，它一直是世界上最高的建筑物。金字塔底座是一个近乎完美的正方形，正方形每边正对东、西、南、北四个方向。古埃及人在没有铁制工具、滑轮甚至轮子等的情况下，是如何建造出金字塔的呢？这仍然困扰着当今的建筑学家和历史学家。

灵感起源：埃及众神

在胡夫统治时期，古埃及人笃信人死后灵魂会进入来世。这与他们的宗教信仰，尤其是对埃及众神的崇拜息息相关。

在古埃及人的观念里，人去世以后，躯体必须要保存完好（把尸体制成木乃伊），灵魂才能安然无恙地进入来世。在最终见到冥王奥西里斯之前，灵魂必将穿越冥界并经历重重可怕的考验。

荷鲁斯[①]的形象是鹰头人身。有人认为法老实际上是荷鲁斯在人间的化身。

———————
① 荷鲁斯，埃及神话中的神祇，是冥王奥西里斯的儿子。——编者注

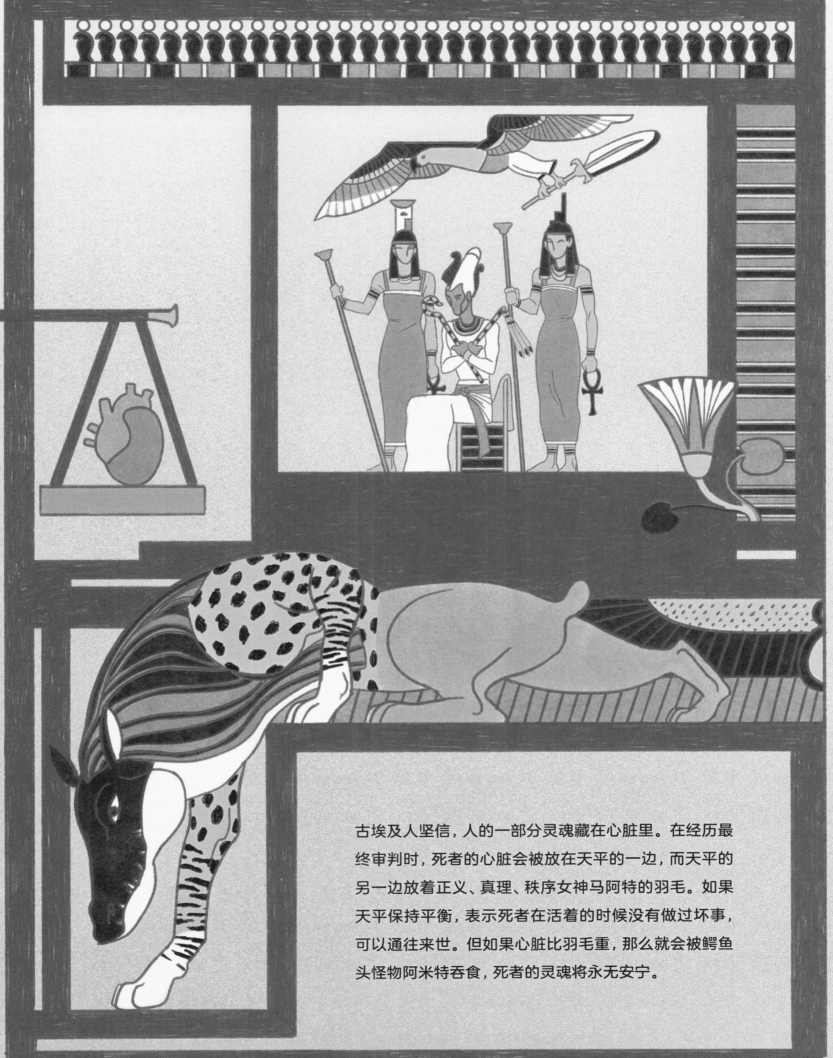

古埃及人坚信，人的一部分灵魂藏在心脏里。在经历最终审判时，死者的心脏会被放在天平的一边，而天平的另一边放着正义、真理、秩序女神马阿特的羽毛。如果天平保持平衡，表示死者在活着的时候没有做过坏事，可以通往来世。但如果心脏比羽毛重，那么就会被鳄鱼头怪物阿米特吞食，死者的灵魂将永无安宁。

大金字塔内部

幸好大金字塔依然存在，我们才能不断地探索其中的奥秘。即便如此，它那奇特的通道和墓室系统仍然充满谜团。一些历史学家认为，这样奇特的结构是法老胡夫不断改变自己墓室的位置造成的。而另一些人则认为，狭窄的通道和奇怪的洞穴是经过精心设计的，可能有某种宗教意义，也或许是为了防止盗墓贼进入。真正的原因是什么呢？可能我们永远都无法知道！

法老墓室就是胡夫被埋葬的地方，里面有一个巨大的石棺，但石棺里面的东西早已不见了。

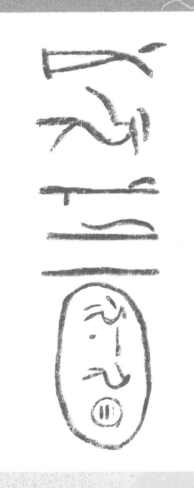

在墓室内部的墙壁（不容易被发现）上，最初的建造者留下了一些图案标记。

王后墓中可能葬的不是王后，这里可能是存放胡夫的一些陪葬品的地方。他也许打算把这些东西带到来世。

这些小的空墓室减轻了国王墓室屋顶上方的压力，防止国王墓室坍塌。

人们曾经以为，这些长长的通风道是为了给建筑工人提供空气。但是，现在许多人认为，这些通道分别正对着南方和北方，建造它们的目的是让死者灵魂能够从这里通向来世。

大走廊

这个神秘的地下墓室深埋在金字塔下面，看起来似乎还没有竣工就被遗弃了。

这条通道不是金字塔原本的设计，它是9世纪哈里发马蒙 ① 和他的手下试图进入金字塔时挖掘的。现在游客参观金字塔，走的就是这条通道。

① 马蒙，阿拉伯帝国阿拔斯王朝哈里发，在位时间813年—833年。——编者注

15

古代技术：搬运和抬升

在建造这些宏伟建筑的时候，建筑工人并没有现代机械可以用来搬运和抬升大块的石头。
正是运用了一些别出心裁的技术，他们才能充分利用手头的简单工具搬运大块石头。

搬运

建筑工人们缓慢而吃力地拉着橇台，将巨大的石块搬运到建造金字塔的工地上。每个橇台看起来有好几吨重！在向前拖石块的时候，会有工人在前面倒水，让道路变得平滑、坚实，便于橇台滑动，同时也避免了石块和橇台下陷。

15 世纪，中国的建筑工人在建造紫禁城的时候也运用了类似的方法。在凛冽寒冬，他们利用冰路，拖着橇台向前滑行，把巨石运到了近 70 千米外的北京。

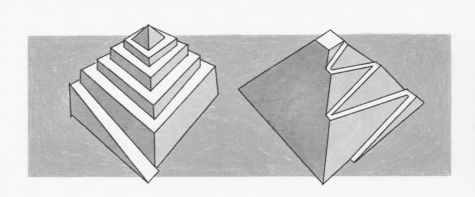

许多专家认为，建筑工人在金字塔立面建造坡道，借助坡道和橇台向上运输石块。在金字塔建成以后，这些坡道就被拆除了。

抬 升

古埃及和古印度是最早一批使用杠杆的国度。杠杆简单、巧妙，只需向下按压它远离支点的那端，仅凭一人之力就能抬起比自己重数倍的物体。

据记载，最早使用滑轮的地区是公元前 1500 年的美索不达米亚。那时候，人们使用滑轮来打水。约 1000 年以后，古希腊人借用滑轮制造了一台起重机。借助起重机，人们能够把非常重的物体吊到高处，比使用坡道更省空间和人力。

古代其他奇迹：巨石阵

约建于公元前 3000 年—公元前 2500 年

巨石阵虽然不属于古代七大奇迹，但它是世界上最著名的遗迹之一。早在吉萨大金字塔问世之前，它就出现在了英格兰南部索尔兹伯里平原上。是谁建造了它？为什么要建造它？这些问题至今仍然没有答案。

大约在公元前 3000 年的新石器时代，人们就开始建造巨石阵了，但花费了几百年才把这些巨石搭建起来。巨石阵中大的巨石是砂砾岩，一块就重达 25 吨，据说是从 32 千米以外的地方开凿而来。更令人不敢相信的是，那些略小的蓝砂岩巨石居然是从 250 千米以外的地方运来的！

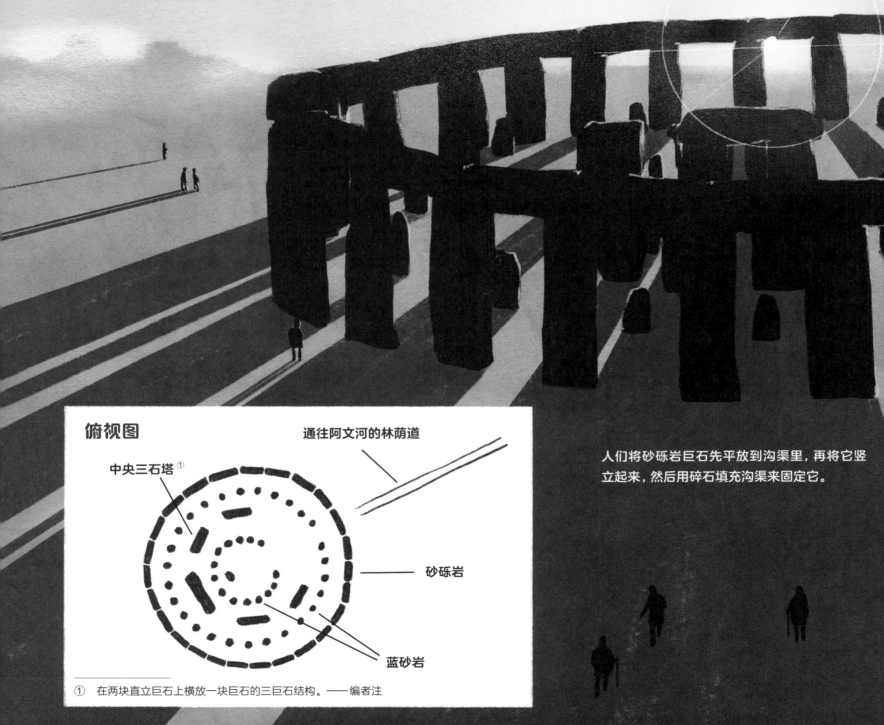

俯视图

中央三石塔①

通往阿文河的林荫道

砂砾岩

蓝砂岩

人们将砂砾岩巨石先平放到沟渠里，再将它竖立起来，然后用碎石填充沟渠来固定它。

① 在两块直立巨石上横放一块巨石的三巨石结构。——编者注

据说，巨石阵是史前举行墓葬和火葬的遗址，是一个祭奠和安葬逝者的地方，就像现在的墓地一样。人们还发现这一建筑杰作在设计上十分巧妙：每年夏至，太阳正好沿着林荫道升起，而冬至，太阳又刚好从中央三石塔的两块巨石之间落下。

人们可能利用了堆叠式木制平台（类似于我们今天使用的脚手架），将巨石横放在直立的巨石上。

巴比伦空中花园

约建于公元前 6 世纪

古代旅行者和历史学家曾说，在一座世界闻名的城市里，有一座巨大的空中花园，那里植物郁郁葱葱，溪流清澈见底。它就是巴比伦空中花园。

空中花园的传说在古代世界广为流传。据说它的建筑结构非常复杂：石拱门上方种植着高大的树木；纵横交错的沟渠和溪流似乎逆重力向上伸展和流淌，滋养着神奇的空中花园。传说，阿米蒂斯王妃非常思念家乡的山峦叠翠，伟大的巴比伦国王尼布甲尼撒二世为了表达对妻子的爱意，特地建造了这座空中花园。

这座令人称奇的花园是巴比伦人的乐土。但我们也听到了另外一种声音——巴比伦空中花园可能根本就不存在。

与其他古代奇迹不同，我们未曾发现过巴比伦空中花园的任何遗迹。事实上，尼布甲尼撒二世对他在位期间建造的宏伟宫殿和城门都有过详细的记录，但从未提及任何花园。虽然我们听说过很多关于空中花园的故事，但这些故事可能都是历史研究者和作家撰写的，实际上他们未必亲眼见过这座花园。直到今天，我们依然不能确定这个古老的奇迹是真的存在过，还是只是一个传说。

灵感起源：天国花园

人人都说天国有一座美好而宁静的花园。基督教、犹太教和伊斯兰教的信徒可能都知道美丽的伊甸园的故事。据说那里生活着人类的始祖 —— 亚当和夏娃，他们与万物和谐共处。事实上，这些宗教的根源可以追溯到同一个地方，而那个地方正是巴比伦空中花园所在之地：西亚。

巴比伦人最早定居在西亚两河流域。那里酷热难当，底格里斯河和幼发拉底河经常泛滥，但同时也为耕种提供了肥沃的土壤。历史上这里兴起过很多伟大的城市。对于这里的居民来说，富饶的土地和充足的水源意味着丰富的食物，也意味着幸福而富足的生活。而当天气炎热干燥时，新月沃地的人们渴望能够在绿树成荫的天堂里休憩也就不足为奇了。

古代技术：水道

水道对一座大城市来说尤为重要。没有水道，住在这里的人就没有水喝，也不能灌溉作物、种植粮食，更没有办法把污水从城里排走。古代世界的人们发挥聪明才智，想出一些非常巧妙的方法，将水从遥远的地方翻山越岭引入千家万户。

阿基米德式螺旋泵

这个巧妙的装置是以古希腊著名的科学家、数学家阿基米德的名字命名的。它利用管道内部的一根巨大的旋转螺杆把水抽上来，输送到山上或建筑物的上层。据说，这个装置是建造巴比伦空中花园的秘诀之一。

下水道

在许多古老的排污系统中，厕所与水道相通。通过下水道，污水可以随着水流排出城市。印度的罗塔尔城拥有世界上非常古老的排污系统，其历史可以追溯到4000多年前。

---

① 罗塔尔城是印度河文明的重要城市遗迹。——编者注

罗马水道，又叫马克西玛下水道，是一条对古罗马人来说非常重要的渠道。它甚至有一个掌管它的女神，叫克罗阿西娜。

高架渠

高架渠可以将水从90多千米外的水源地输送到城里。通常情况下，引水渠道埋设在地下，但它们穿过山谷时，就需要巨型高架渠了。古罗马人建造了很多有名的高架渠。它们非常坚固，历经2000多年，至今依然屹立不倒！

古代其他奇迹：巴拿威水稻梯田

约建于公元前 650 年—公元 100 年

在蔚为壮观的巴拿威水稻梯田，人们发现了一种独特而富有创意的古老灌溉方式。这些狭窄蜿蜒的稻田阶梯是菲律宾伊富高人使用非常简单的工具在山坡上修建的，距今已有 2000 余年历史。自建成的那天起，人们就一直依赖它种植水稻和蔬菜。

水稻一般适宜种植在地势宽广平坦和水源充足的地方。但是伊富高人所拥有的土地大多为非常陡峭的坡地，这就需要他们充分发挥自己的创造力。他们巧妙地在山坡上修建了一层层梯田，让每一寸土地都可以用于耕种。当倾盆大雨落在森林密布的山顶时，复杂的灌溉渠道和竹子管道将水引向山下，分流到每块稻田里。稻田有了充足的蓄水，水稻才能正常生长。

在巴拿威，有超过 1 万平方千米的稻田。如果把这些狭窄的梯田首尾相连，它们可以环绕地球半圈！

·古代七大奇迹之三·

以弗所阿耳忒弥斯神庙

约建于公元前 550 年

阿耳忒弥斯是西方神话中最勇敢、最聪明的女猎手，也是力量和女性的象征。为了表达对她的崇高敬意，那些追随和崇拜她的人会前往以弗所朝拜。

阿耳忒弥斯神庙是世界上最早通体用大理石兴建的建筑之一，其规模几乎是希腊雅典帕提侬神庙的 3 倍。神庙的外部由 100 多根精美绝伦的大理石圆柱组成，每一根圆柱底部和顶部的精美浮雕和饰带，被朝拜者奉为史无前例的艺术瑰宝。神庙里面陈列着阿耳忒弥斯女神的一尊雕像和一个祭坛，以及亚马逊女战士的雕像，供朝拜者瞻仰、供奉。

在公元前 4 世纪中叶，这一奇迹遭遇了悲剧性的毁灭。当时一个名叫黑若斯达特斯的当地人为了"名垂青史"，放火烧毁了这座神庙。事实上，他因此而臭名昭著。幸运的是，人们很快重建了神庙。重建后的神庙一直傲然挺立到 3 世纪，最终被侵略者摧毁。

如今，在土耳其塞尔丘克小镇西部的一小块土地上还残存着神庙的遗迹。从残垣断壁和一根摇摇欲坠的立柱中，依稀可见它当年的雄伟和壮观。

灵感起源：狩猎女神阿耳忒弥斯

阿耳忒弥斯是一位受人爱戴的女神。她是宙斯的女儿，是文艺之神阿波罗的孪生姐姐。她以鹿为伴，背着弓箭，在林莽间穿梭。她是伟大的狩猎女神、弓箭与射术之神，也是动物和自然的保护神。她也是女性的重要象征，保护少女，同时掌管妇女生育。

人们十分尊敬和崇拜阿耳忒弥斯，在整个古代世界，她以许多不同的名字被人们崇拜。希腊人有时也称她为菲比或辛西雅，罗马人称她为狄安娜。而以弗所人对她的称呼和对她形象的描绘，与希腊神话又有所不同。

以弗所神庙里的阿耳忒弥斯雕像可能和
上图这尊雕像相似，尽管它已荡然无存。

古代其他奇迹：埃洛拉石窟

约建于 600 年—1000 年

并非所有的寺庙都是从地面向上修建的。比如印度西部的埃洛拉石窟，它就是在陡峭的悬崖上自上而下开凿出来的。这个庞大的宗教建筑群由 34 座精雕细琢、曲折繁复的石窟组成，是许多才华横溢的艺术家耗时数百年修建而成的，目的是向他们的国王和神灵致敬。这是一个令人流连忘返的地方。在这里，佛教、印度教和耆那教的信徒都能找到各自的朝拜场所。

在埃洛拉石窟中，印度教石窟凯拉萨
神庙是最大的寺庙。

凯拉萨神庙

这座气势恢宏的寺庙是在一整块巨大的花岗岩上雕凿而成的，里面祀奉着印度教大神湿婆。神庙中央供奉湿婆的神殿灵感可能来自冈仁波齐峰。这座大山属于中国的冈底斯山脉，许多宗教信徒把它视为神山。

全知全能神

印度教传说中，无所不在的湿婆与他的妻子雪山女神帕尔瓦蒂一起坐在冈仁波齐峰上，永远守护着世界。

罗波那托举着冈仁波齐峰。

恶魔之王

罗波那是多头神，在印度教中被称为恶魔之王。传说罗波那渴望展示他的力量，曾试图举起冈仁波齐峰，但湿婆把他困在山下整整 1000 年。

南迪也是冈仁波齐峰的守护神。

守护神

公牛南迪是一头神牛，是湿婆的坐骑，象征着力量和真理。它敬爱湿婆，常守护在他的神殿旁。

奥林匹亚宙斯神像

约建于公元前 430 年

奥林匹亚宙斯神像在世界上存在了 800 多年，它高大、宏伟，让所有前来朝拜的人都心潮澎湃、惊叹不已。

这尊雄伟壮观、超凡脱俗的宙斯神像是用木材、黄金和象牙做成的。裸露在外的皮肤用象牙贴饰，头发和长袍用千锤百炼的黄金覆盖。宙斯一手托着胜利女神奈基的小雕像，一手握着镶有珠宝的权杖，杖顶还有一只金鹫。在宙斯神像前，人们用黑色大理石修了一个装满了橄榄油的池子，它可以反射从外面照射进来的阳光，让整个神殿充满金色的光芒。人们还定期将橄榄油倒在雕像上，防止象牙干燥开裂。橄榄油顺着神像向下流淌，最后汇入池子。

菲狄亚斯是当时最有名的雕塑家，这座奥林匹亚宙斯神像便是他的杰作。他的作品广受赞誉，为了纪念他无与伦比的创造力，人们把他在宙斯神像附近的工作室保留了下来。

宙斯神像的命运一直以来都是个谜。一些历史学家认为，它被转移到了古城君士坦丁堡，后来被一场大火烧毁。而另一些学者认为，宙斯神像连同宙斯神殿，因罗马皇帝颁布的异教神庙破坏令而毁于一旦。不管真相如何，关于这个伟大的奇迹，我们所知的一切只不过是那些有幸目睹其真容的人的美好描述。

灵感起源：众神之王宙斯

强大的宙斯是希腊众神之王，他住在雄伟的奥林匹斯山上，统治着众神和人类。只要有人敢和他作对，他就会大发雷霆，并用强大的雷电予以还击。人人都敬畏他，继希腊人之后，罗马人仍旧对他顶礼膜拜，并称他为朱庇特。

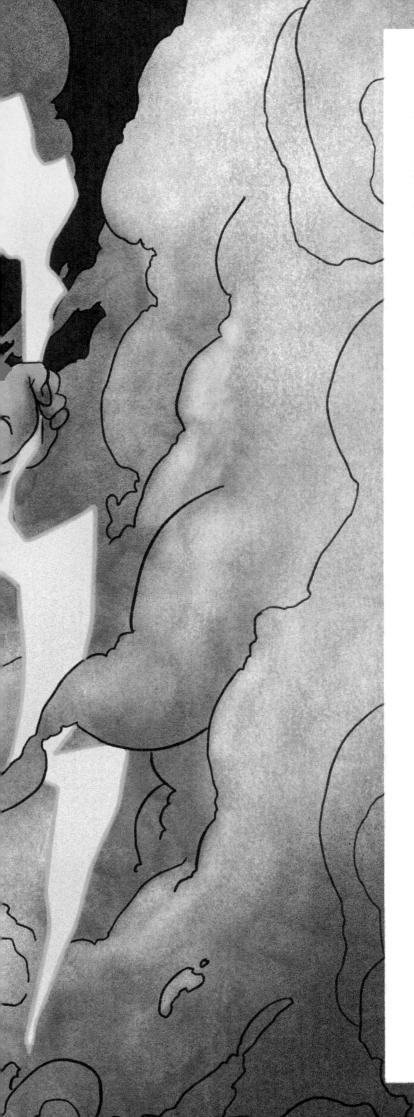

传说宙斯是泰坦巨人克洛诺斯之子，是天空之神乌拉诺斯和大地女神盖亚的孙子。曾经有预言说克洛诺斯会被自己的孩子推翻，为了避免这样的事情发生，克洛诺斯在每个孩子出生后就把他们吞进肚里。他最小的孩子宙斯成功逃脱了，长大后打败了父亲，并从父亲的腹中救出了所有的兄弟姐妹。

宙斯和他的两个兄弟一起统治着这个世界。宙斯统治天空，他的哥哥波塞冬掌管海洋，哥哥哈得斯则执掌冥界。在希腊神话中，宙斯还是许多神和英雄的父亲。

古代技术：建筑巨无霸

历史上的大型建筑物往往令人印象深刻，也是最难建造的。但人们往往关注它所使用的笨重、昂贵的建筑材料，而忽略了建造这一工程所需的高超技艺。

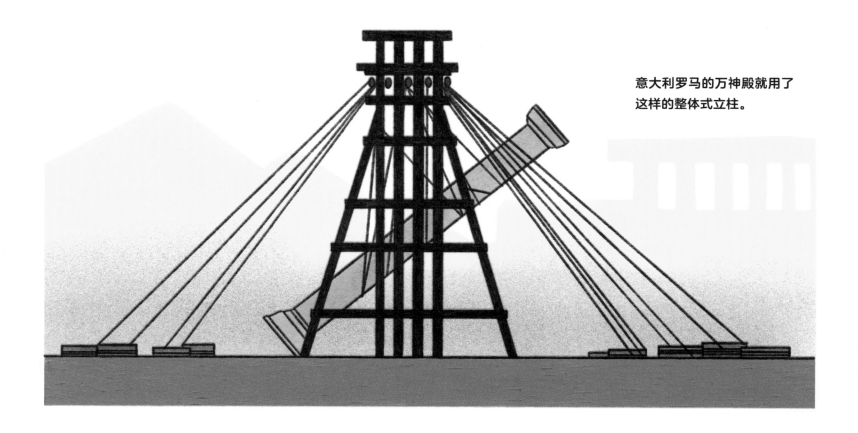

意大利罗马的万神殿就用了这样的整体式立柱。

关于立柱的问题

在古代，建造能够屹立至今的坚固石柱是一项艰巨的任务。在古罗马，建筑者偏爱整体式立柱——立柱由一整块石头雕凿而成。更令人难以置信的是，他们要用三滑轮或多滑轮起重机才能将立柱吊起来放到合适的位置。

在古希腊，更常见的是分段圆柱。这些圆柱石料较小，更方便运输，可以用普通起重机吊起来一个一个地拼接在一起。

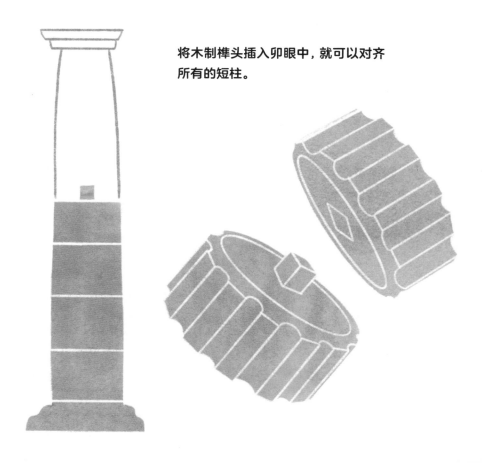

将木制榫头插入卯眼中，就可以对齐所有的短柱。

奥林匹亚宙斯神像

巨大的宙斯神像外部采用了昂贵而稀有的材料,而内部,菲迪亚斯使用了一种常见的材料——木材。

这座巨大的雕像实际上是木制结构的,其内部是空的。这种结构不仅让雕像更加坚固、轻便,且造价低廉。只需在框架表层铺设薄薄一层黄金和象牙,再精雕细琢一番,神像便能闪闪发光,看起来就像用大块的象牙和黄金雕刻的。

摩索拉斯陵墓

约建于公元前 353 年—公元前 350 年

陵墓是指重要人物的坟墓。拉丁文"陵墓"（mausoleum）一词就源于卡里亚（现土耳其境内）的国王摩索拉斯。

自公元前 377 年，摩索拉斯成为卡里亚的统治者时，他就开始计划在哈利卡纳苏斯建一座不同寻常的新首都，而这个计划的核心内容是建造一座宏伟的陵墓。在那里，这样宏伟的陵墓史无前例。当时，一些卓有成就的建筑师和工匠纷纷加入到这座陵墓的建设中。但工程开始没几年摩索拉斯便去世了。

摩索拉斯被埋葬在尚未完工的墓穴中，但陵墓的修建并没有就此止步。他的妻子阿尔特米西娅二世一心一意地供奉着死去的丈夫，并命人继续建造这座宏伟非凡的陵墓。可惜的是，直到阿尔特米西娅二世去世时，这座陵墓仍未完工。在她死后，敬业的工匠们仍然坚持建造，最终建成了这座令人叹为观止的陵墓。这座陵墓建成后便声名远播。陵墓的表面刻有大面积的浮雕，描绘了一些著名的战役和传说。一些历史学家认为，摩索拉斯陵墓直到 1700 年仍傲然屹立于哈利卡纳苏斯，之后频繁的地震才将它夷为平地。

灵感起源：纪念逝者

几乎在世界的每一个地方，都会有技艺精湛的古代建筑师和工匠投入大量的时间和精力建造一些精美的建筑，纪念他们逝去的亲人或统治者。这种情感似乎是人类所共有的。在今天，人们仍然可以欣赏到千百年前匠人们努力的成果。

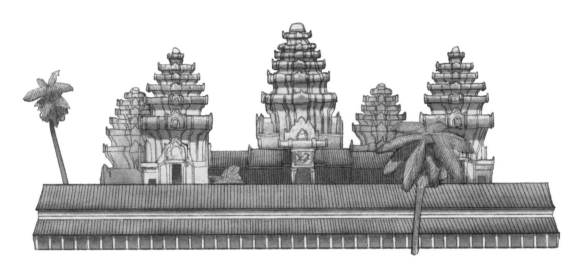

柬埔寨的吴哥窟
约建于 1113 年—1145 年

这座寺庙是世界上最大的宗教庙宇类建筑，最初是为了供奉印度教主神毗湿奴而建造的。

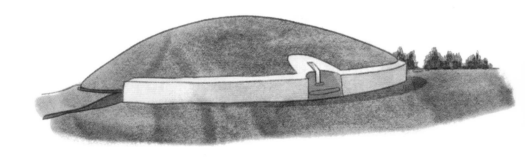

爱尔兰米斯郡的纽格兰奇墓
约建于公元前 3200 年

人们认为这座巨墓是在新石器时代建造的，它比吉萨大金字塔和巨石阵还要古老。

乌兹别克斯坦布哈拉市的萨曼皇陵
约建于 892 年—943 年

这座匠心独运的陵墓是萨曼王朝著名国王伊斯梅尔·萨曼的安息之地。

墨西哥帕伦克的碑铭神庙
约建于 675 年—702 年

这座美丽的神庙坐落于墨西哥丛林中，以古代玛雅人雕刻的象形文字和图案为特色。

约旦佩特拉古城的皇家墓冢群
约建于公元前 200 年—公元 100 年

纳巴泰人雕凿山上的砂岩，为这座古城的国王和王后建造的陵墓。

意大利罗马的圣天使堡
约建于 135 年—139 年

这座陵墓也被称为哈德良陵墓，最初是由罗马皇帝哈德良亲自指挥建造。在哈德良死后，他的骨灰被安葬于此。

古代其他奇迹：秦兵马俑坑

约建于公元前 210 年

像秦始皇陵一样规模宏大、"戒备森严"的陵墓在世界上非常少见。事实上，在秦始皇去世后的 2000 多年里，一支由 8000 多名士兵组成的忠诚军队就一直守卫着他的陵寝。这些士兵忠于职守，毫不退缩。他们不睡觉，不吃饭，也不呼吸，只是静静地站着。当然这并不奇怪，因为他们都是用陶土做的。

彩绘陶俑

著名的兵马俑是一项惊为天人的工艺壮举。它们展现了秦国步兵、将领、战车、马匹列队站立,接受伶人和近臣喝彩的场面。

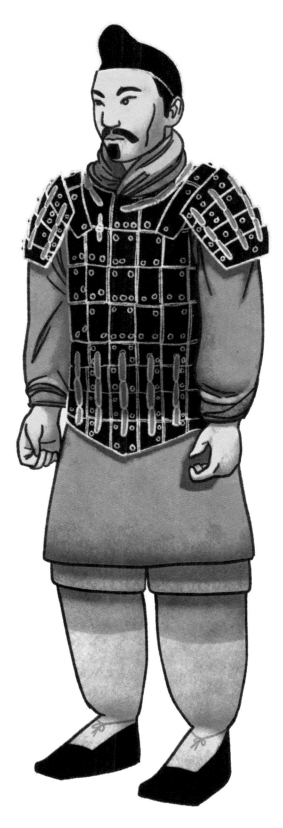

如今,大多数兵马俑的颜色已经和陶土颜色一样了。但在完工之初,每个陶俑身上都涂有鲜艳的釉彩,形成了一片色彩的海洋,无边无际,蔚为壮观。

罗得岛巨像

约建于公元前 294 年—公元前 280 年

公元前 305 年，罗得城的人终于打破了叙利亚德米特里军队对城市的围困。他们如释重负，骄傲和激动之情无以言表，于是决定修建一座纪念碑，感谢守护他们城市的太阳神赫利俄斯。罗得岛巨像就这样诞生了。

没有人确切知道这座巨像究竟长什么样。关于罗得岛巨像的文字记载有很多，但没有准确的图像记录留存下来。在一些历史插图上，太阳神两腿分开站立在港口，船只在它两腿之间来往穿行。尽管这

是一幅壮观的景象，但如今看来，这在当时的技术上是不可能的。巨像极有可能矗立在港口的一侧。

但我们能肯定的是，这确实是一座巨大的太阳神青铜像。它屹立于港口一侧，迎接着前往罗得岛的游客和归乡之人。它高约 30 米，匠人们精心打造了近 12 年才完工。

见过巨像的人无不被它恢宏的气势深深吸引。但遗憾的是，它仅仅矗立于世 50 多年就被一场可怕的地震摧毁了。

灵感起源： 太阳神赫利俄斯

从早到晚，太阳神赫利俄斯驾着他那耀眼的、由焰马所拉的战车在天空中飞驰，发出万丈光芒。在希腊众神中，他被尊崇为太阳的化身，是一位全知全能的神，在天上观察着世间万物。

根据神话记载，诸神没有给赫利俄斯分配可以统治的土地，他感到愤怒不已。宙斯许诺将当时还位于海底的罗得岛分给他。就在宙斯说话之际，罗得岛从海中浮现出来，岛上植被郁郁葱葱，风景如画，与之相伴浮出水面的还有海神波塞冬的女儿罗多斯仙女。赫利俄斯当即坠入爱河，用他那温暖的阳光照亮了整座小岛。后来，赫利俄斯和罗多斯生下了许多孩子，这些孩子被称为海利亚达人。他们有的成了罗得岛上著名的航海家，有的当上了占星家，并在岛上建立了许多历史名城。

古代技术：制作青铜器的工艺

无论是罗得岛巨像这样宏伟的雕塑，还是普通水罐那样不起眼的器皿，用青铜制作工具和艺术品的技术是古代社会发展的关键。比起纯铜和石头，青铜更坚固、更耐用，可以用来制造更好的工具、武器和盔甲。事实上，正是因为青铜器在人类生活中占据着重要地位，人们将公元前 3000 年到公元前 500 年左右这段时间命名为青铜时代。在这一时期，许多文明古国和地区都生产了大量的青铜器。

青铜是铜、锡和其他金属组成的合金。为了将这些金属融合在一起，人们必须先将它们加热成液体，然后将混合物或倒入模具中，让其冷却，或经捶打锻造成型。

青铜器之失蜡铸造法

许多青铜器是使用失蜡铸造工艺制成的。

艺术家首先用石蜡制成蜡模，然后在蜡模上浇一层厚厚的细泥浆。

接着将其加热，外层的泥浆受热后变硬，而里面的石蜡会熔化流出，这样就形成了一个完美的铸型。

最后，将已加热至大约1200℃的青铜液倒入铸型中。

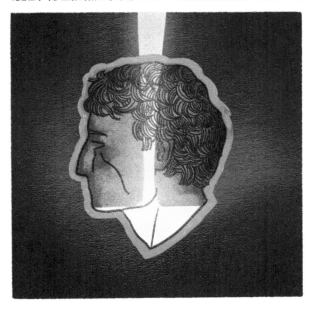

待到青铜液冷却后，外面的泥浆涂层破裂，里面就是成型的青铜器。

大的青铜器常常采用分铸法。先铸造一块块小的部件，然后将它们运输到最终放置的地方，再一块块组装成形。

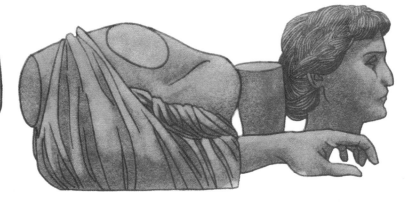

古代其他奇迹：纳斯卡线条

约建于公元前 200 年—公元 700 年

建筑物大，并不总是意味着它很高。在秘鲁南部广袤的荒漠上分布着一些奇特的线条，它们被刻在岩层之上，有的距今已有 2000 多年的历史。这就是安静而神秘的纳斯卡线条。

如果你站在地面上看这些线条，它们似乎只是随意纵横交错的小径。但如果你从空中或站在高山上向下观望，你会发现这些线条变得生动起来——它们构成了许多巨型的动物图案和几何形状，从一端绵延到另一端，有的甚至长达 350 米以上。

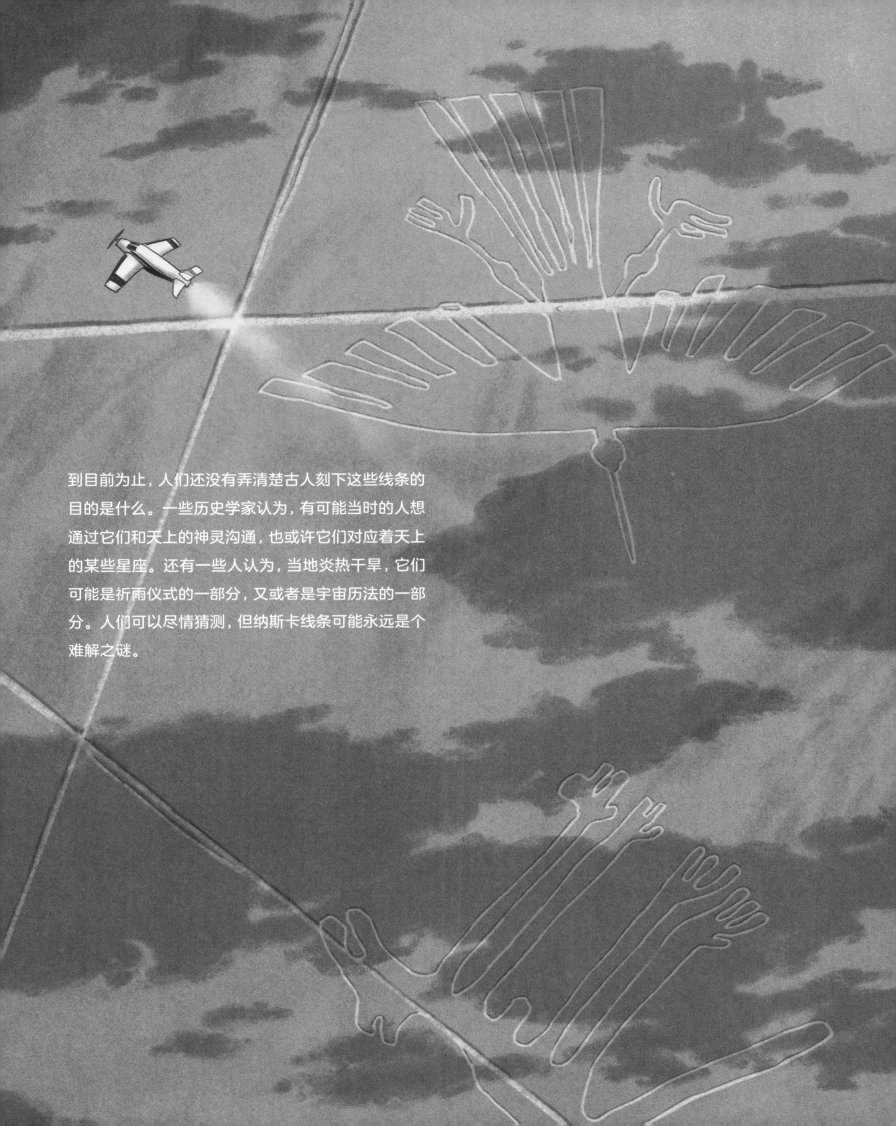

到目前为止，人们还没有弄清楚古人刻下这些线条的目的是什么。一些历史学家认为，有可能当时的人想通过它们和天上的神灵沟通，也或许它们对应着天上的某些星座。还有一些人认为，当地炎热干旱，它们可能是祈雨仪式的一部分，又或者是宇宙历法的一部分。人们可以尽情猜测，但纳斯卡线条可能永远是个难解之谜。

亚历山大灯塔

约建于公元前 300 年—公元前 280 年

从公元前 3 世纪开始，疲惫不堪的船员在夜晚前往埃及名城亚历山大，迎接他们的是一处盛景 —— 亚历山大导航灯塔。它建于托勒密一世和托勒密二世统治时期，是古代世界仅次于吉萨大金字塔的第二高的建筑。它像一座繁荣的城市，拥有自己的"居民"。

灯塔塔基是士兵、马匹和灯塔维护工人的住所。闪亮的白色花岗岩和石灰石墙壁上有一座螺旋式楼梯，沿着楼梯向上可以到达灯塔的第二层，人们可以在那里欣赏到壮丽的海景。

灯塔的顶端是灯楼。在白天，灯楼上的镜子会反射太阳光，指引船只入港。这种反射装置有一个曲面，可以将强烈的阳光反射到特定的方向。这是一项重要的技术进步。而晚上，灯塔上的光亮来自熊熊燃烧的篝火。为了保证塔顶的光永远不熄灭，兢兢业业的灯塔看守人一整晚都在添加燃料。

建成后的 1000 多年，这座灯塔一直指引着离开亚历山大港的疲惫的旅行者返回家乡，直到地震将它摧毁。

灵感起源：亚历山大古城

约建于公元前 332 年

尽管只有亚历山大灯塔被列为古代七大奇迹之一，但亚历山大古城本身就是一个奇迹。这座城市由著名的"不败将军"亚历山大大帝于公元前 332 年左右主持修建，建成后很快便成为古代世界人才聚集之地。

希腊数学家欧几里得用转换法证明了两个三角形可以全等。

亚历山大图书馆

包括哲学家、数学家、科学家、诗人、音乐家在内的许多人都涌入了亚历山大图书馆。这里成了思想和文化的大熔炉，学者云集、群英荟萃，他们同吃同住，一起求学、做研究。就是在这里，欧几里得开创了我们所熟知的欧氏几何学。而数年后，阿基米德也将来到这里，花费一生的时间来发展早期的工程学。

伟大的科学家阿基米德将金冠放入浴盆，通过测量排出的水量，算出了金冠的体积。

我们对西方古代世界的了解，很大程度上要归功于在亚历山大图书馆进行研究的学者们。他们倾其一生都在创作伟大的作品，如翻译重要的诗歌、史诗故事和歌曲，让它们能够流传下来。这些作品都存放在亚历山大图书馆中，那里可能有成千上万的藏书和文献手稿。

不幸的是，图书馆先后遭受了至少两场大火。直至391 年，几乎所有精心收藏的藏品都已遗失。

时间年表

时间年表显示了古代七大奇迹中每个奇迹从竣工到被毁的大致时间。在罗得岛巨像存在时期，七大奇迹都还屹立于世，而今只剩下吉萨大金字塔还没有消失了。

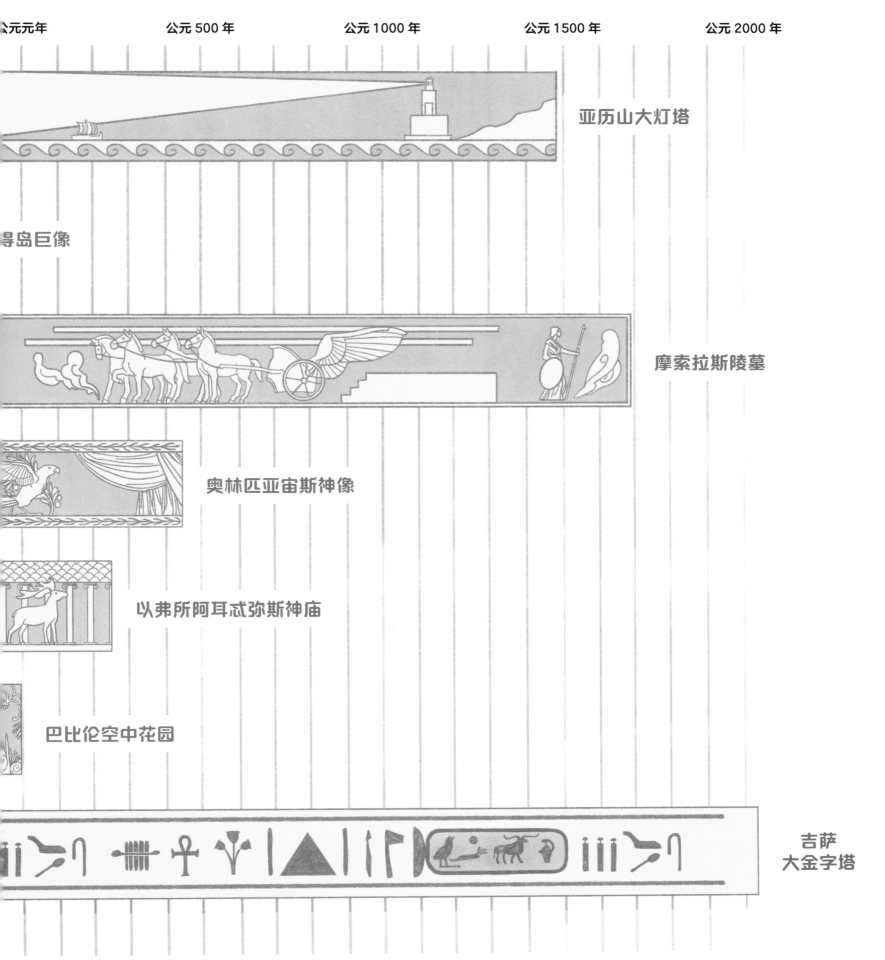

亚历山大灯塔

得岛巨像

摩索拉斯陵墓

奥林匹亚宙斯神像

以弗所阿耳忒弥斯神庙

巴比伦空中花园

吉萨
大金字塔

 索 引